Ebenezer Agayina Kudamnya
Wanduku Tende Andongma

Mapeamento da Prospectividade das Águas Subterrâneas com base em SIG:

Ebenezer Agayina Kudamnya
Wanduku Tende Andongma

Mapeamento da Prospectividade das Águas Subterrâneas com base em SIG:

Um estudo de caso da bacia de Sokoto, no noroeste da Nigéria

ScienciaScripts

Imprint

Cover image: www.ingimage.com

This book is a translation from the original published under ISBN 978-620-2-02574-4.

Publisher:
Sciencia Scripts
is a trademark of
Dodo Books Indian Ocean Ltd. and OmniScriptum S.R.L publishing group

120 High Road, East Finchley, London, N2 9ED, United Kingdom
Str. Armeneasca 28/1, office 1, Chisinau MD-2012, Republic of Moldova, Europe
Printed at: see last page
ISBN: 978-620-7-78056-3

MAPEAMENTO DA PROSPECTIVIDADE DAS ÁGUAS SUBTERRÂNEAS COM BASE EM GIS

:

UM ESTUDO DE CASO DA BACIA DE SOKOTO, NOROESTE DA NIGÉRIA.

BY
Ebenezer Agayina KUDAMNYA[1*] e Wanduku Tende ANDONGMA[2]
[1*]*Departamento de Geologia, Universidade de Calabar, Calabar, Nigéria.*
[2]*Departamento de Geologia, Universidade de Ciência e Tecnologia de Kano, Wudil, Nigéria.*

ÍNDICE DE CONTEÚDOS

RESUMO

A escassez de água no Norte da Nigéria e nas suas imediações já não é uma questão de guerra. Há uma dependência excessiva das águas subterrâneas, o que levou a um aumento do número de furos perfurados para aumentar as necessidades de água na área de estudo. Infelizmente, a falha de muitos furos instalados tem sido galopante nesta área. Isto deve-se à ausência de investigação das águas subterrâneas ou a uma investigação e interpretação inadequadas da adequação do local. Neste estudo, foi utilizada uma abordagem de deteção remota para delinear e classificar os potenciais de água subterrânea da bacia de Sokoto. O mapa de prospectividade de águas subterrâneas da bacia de Sokoto, baseado em SIG, foi produzido através da combinação de diferentes mapas temáticos, utilizando a análise de avaliação multi-critério (MCE) baseada na atribuição de pesos relativamente à contribuição de determinados conjuntos de dados para a ocorrência de águas subterrâneas. O conjunto de dados utilizado inclui: drenagem, lineamento, solo, litologia, elevação, declive e precipitação. Os mapas temáticos de cada conjunto de dados foram produzidos como camadas distintas antes de serem combinados. Para cada camada, foi efectuada a ponderação das diferentes classes. O mapa do potencial das águas subterrâneas foi então reclassificado em cinco classes: muito bom, bom, moderado a bom, moderado e mau. Os resultados dos mapas produzidos mostram que as áreas cartografadas indicando zonas de muito bom potencial de águas subterrâneas cobrem aproximadamente 2,2% (1432,66 km^2); as zonas cartografadas indicando bom potencial de águas subterrâneas cobrem aproximadamente 7,79% (5071.5237 km^2); as zonas cartografadas que indicam um potencial moderado a bom de águas subterrâneas cobrem aproximadamente 27,5% (17577,8 Km^2); as zonas cartografadas que indicam um potencial moderado de águas subterrâneas cobrem aproximadamente 49,2% (32030,676 km^2) e as zonas cartografadas que indicam um potencial fraco de águas subterrâneas cobrem aproximadamente 13,1% (8528,493 Km^2) da área de estudo. O estudo revelou ainda que a parte sul da área de estudo tem um melhor potencial hídrico do que a parte norte da área de estudo. Existe uma estreita concordância entre o mapa de potencial de águas subterrâneas produzido e os dados de testes de bombagem de campo obtidos anteriormente na Bacia de Sokoto, de acordo com autores anteriores. O mapa de potencial de águas subterrâneas e os mapas temáticos produzidos tornaram-se fontes vitais de informação e base de dados que podem ser actualizados de tempos a tempos através da adição de novas informações. Esta abordagem é um meio fiável e rentável de prospeção de águas subterrâneas para o desenvolvimento futuro das águas subterrâneas.

Palavras-chave: Deteção *remota, Sistema de Informação Geográfica, Bacia de Sokoto, Formação, Prospectividade de águas subterrâneas, Mapa temático, Ponderação.*

CAPÍTULO UM
1.1 INTRODUÇÃO

A água é um dos recursos naturais mais importantes para o sustento da vida na Terra e vital para a existência humana (Sarup *ET AL.*, 2011; Gilli *ET AL.*, 2012 Musa *ET AL.*, 2013 e Musa *ET AL.*, 2014), a seguir ao ar. No passado, acreditava-se que era um recurso inesgotável que estava presente em todo o sistema terrestre. No entanto, isto não é verdade, como é evidente pelas numerosas filas de espera nos poucos pontos de água disponíveis na maioria dos países subdesenvolvidos do mundo. Assim, é necessária uma abordagem de gestão integrada e sustentável para a exploração dos limitados recursos hídricos actuais. Os recursos hídricos da Terra são constituídos por águas superficiais e subterrâneas. As águas superficiais são expressas sob a forma de cursos de água, rios e água do oceano, enquanto as águas subterrâneas ocorrem sob a superfície terrestre, logo abaixo do nível freático, nos interstícios ou mesmo em porosidades secundárias e rochas fracturadas (Kudamnya e Osumeje, 2015; Foley *ET AL.*, 2009). A maior parte da precipitação que não é transpirada pelas plantas ou mesmo evaporada, infiltra-se através dos solos e é denominada água subterrânea. Infiltram-se e fluem através de rochas e sedimentos e podem eventualmente descarregar em rios e riachos (Fig. 1).

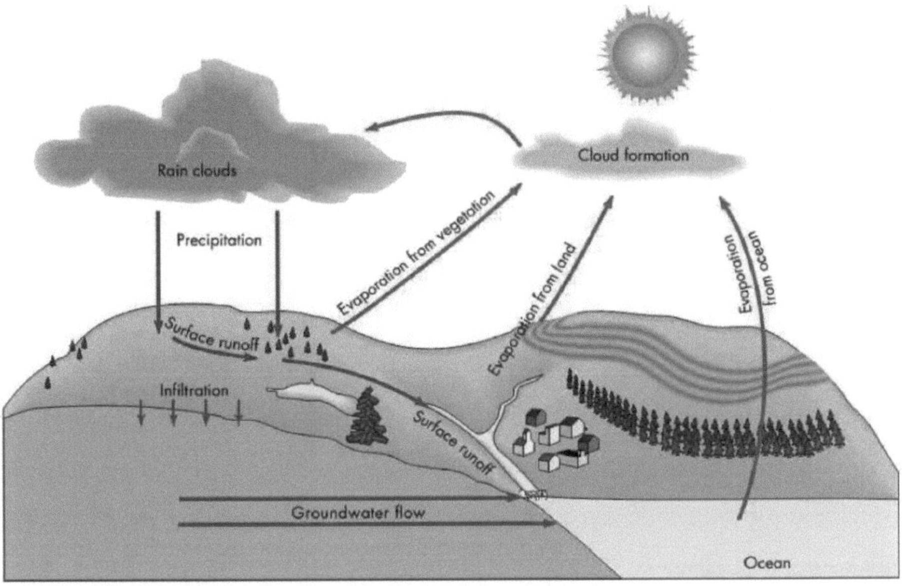

Figura 1: Distribuição das águas superficiais e subterrâneas no ciclo hidrológico (adaptado de Keller, 2012).

Sabe-se que a maior fonte de água doce disponível para utilização é subterrânea (Shiklomanov, 1998; Cobbing e Davies, 2008). Isto representa cerca de 30,1% da água da Terra, enquanto cerca de 68,6% estão encerrados em glaciares e calotas polares (Shiklomanov, 1993). De acordo com Bouwer (2002), a água subterrânea representa cerca de 98% da água doce do mundo e está razoavelmente bem distribuída em todo o mundo. Nwankwoala (2015) comenta que a Nigéria é dotada de enormes recursos hídricos subterrâneos, muito superiores aos recursos hídricos superficiais. Além disso, as águas subterrâneas constituem uma fonte abundante de água para o homem e são as mais baratas e constantes em termos de qualidade e quantidade (Olasehinde, 2010 e Nwankwoala, 2015). É um facto conhecido que as civilizações floresceram com o desenvolvimento de fontes de água fiáveis e entraram em colapso quando as fontes de água falharam (Fetters, 1972; Troften, 1973).

A água subterrânea é um recurso natural muito importante e há necessidade da sua gestão sustentável. Isto porque com o aumento da população nos países em desenvolvimento do mundo, especialmente na África Subsaariana, juntamente com o desenvolvimento agrícola e industrial, há uma maior dependência da água. A Nigéria possui extensos recursos de água subterrânea, localizados em oito áreas hidrogeológicas reconhecidas, juntamente com águas subterrâneas locais em aquíferos aluviais rasos (Fadama) adjacentes aos principais rios (Nwankwoala, 2015). No entanto, devido à má situação económica e aos desafios peculiares enfrentados pelos governos da maioria dos países em desenvolvimento e subdesenvolvidos, a expansão das infra-estruturas básicas para satisfazer a crescente procura tornou-se ainda mais difícil. Daí a necessidade de os indivíduos e as comunidades locais procurarem alternativas aos sistemas convencionais de abastecimento público de água (Aggarwal *ET AL.*, 2009; Rodell *ET AL.*, 2009; Chalwa *ET AL.*, 2010).

No entanto, a Nigéria enfrenta uma procura crescente de recursos hídricos numa base diária devido a um aumento correspondente na taxa de crescimento populacional. O papel que as águas subterrâneas desempenham na satisfação das necessidades de água para o desenvolvimento global da economia da Nigéria não pode ser demasiado enfatizado (Adelana *ET AL.*, 2008). No entanto, os problemas de escassez de água dentro e à volta da bacia de Sokoto já não são um problema de guerra. Isto pode ser parcialmente atribuído ao rápido crescimento da população que depende exclusivamente do recurso diariamente para as suas actividades e, mais importante ainda, à quantidade de precipitação média anual de cerca de 726±24,03 mm (Abubakar e Adesola, 2012) na área, em comparação com as regiões de floresta tropical de cerca de 3000 mm/a (Tahal, 1980). A implicação deste facto é que haverá menos recarga para os aquíferos dentro e à volta da área em comparação com a parte sul do país. A água subterrânea, de acordo com Rao (2006); Das (2008) e Chowdhury *ET AL.* (2009), é um recurso natural mais dinâmico e renovável que é útil para as necessidades de consumo, agrícolas e industriais. A agricultura (tanto de sequeiro como de

A agricultura de regadio, especialmente durante a estação seca, é uma ocupação importante e o principal consumidor de água na bacia de Sokoto, para além de outros usos domésticos. Devido à natureza peculiar da área, a maioria dos riachos e rios seca durante a estação seca e, para sustentar a agricultura de irrigação, é necessário recorrer a fontes de água subterrânea.

Vários métodos, tais como técnicas geológicas, hidrogeológicas, geofísicas e de deteção remota, têm sido utilizados para investigar, delinear e interpretar a adequação do local antes de um furo poder ser perfurado. Infelizmente, algumas destas técnicas tendem a ser demasiado dispendiosas e não podem ser executadas facilmente. Assim, o avanço da tecnologia espacial ajudou a desenvolver uma abordagem para a exploração de águas subterrâneas que pode melhorar os estudos regionais com um elevado grau de eficácia. As águas subterrâneas são um fenómeno sub-superficial em que a sua ocorrência e movimento se baseiam numa análise indireta de alguns factores observáveis no terreno, como os geológicos (características litológicas e lineares), geomorfológicos (características topográficas) e as suas características hidrológicas. Outros factores são o solo, a vegetação, a drenagem, a topografia, a precipitação anual e os declives. O conjunto destes factores dá uma ideia do estado hidrogeológico de uma zona.

A deteção remota por satélite proporciona uma visão sinóptica, que é útil na identificação e delineação de várias formas de terreno, características lineares, elementos estruturais e características do terreno, sendo indicadores significativos da potencialidade das águas subterrâneas (Senthil-Kumar e Shankar, 2014). A integração de dados de deteção remota e de sistemas de informação geográfica (SIG) tem sido utilizada para estudar a prospectividade das águas subterrâneas e delinear zonas potenciais de águas subterrâneas, através da análise de fenómenos relacionados com a terra e os recursos hídricos (Edet *ET AL.*, 1997; Sarup *ET AL.*, 2011; Abdullahi *ET AL.*, 2013; Senthil-Kumar; e Fashae

ET AL., 2014). A aplicação da deteção remota à avaliação do potencial das águas subterrâneas proporciona um método novo, inovador e económico para avaliar o potencial das águas subterrâneas (Edet, 1990). Este método é ainda melhorado pela sua precisão e eficiência temporal. A fiabilidade deste método depende em grande medida da exatidão dos conjuntos de dados utilizados.

O objetivo deste estudo é produzir um mapa de potencial de águas subterrâneas para a Bacia de Sokoto, identificando e classificando zonas de acordo com a disponibilidade do recurso no sistema de subsuperfície. Além disso, os objectivos deste estudo são: produzir mapas temáticos utilizando imagens de satélite de deteção remota com SIG e mapas existentes; provar a eficácia das técnicas de geoprocessamento para prever e delinear zonas de ocorrência de águas subterrâneas; por último, a precisão das técnicas de deteção remota com SIG empregues no estudo será comparada com os resultados de campo dos dados de testes de bombagem obtidos em estudos anteriores na área de estudo.

1.2 LOCALIZAÇÃO DA ZONA DE ESTUDO

A área de estudo é a Bacia de Sokoto (Fig. 2), localizada no noroeste da Nigéria. A bacia é coberta por uma sequência de rochas sedimentares semi-consolidadas cujas expressões fisiográficas formam planícies ondulantes quebradas por colinas argilosas. Uma caraterística importante destas colinas é o facto de serem cobertas por crostas resistentes de laterite ou de pedra-ferro. As colinas têm menos de 150 pés de altura, mas localmente o relevo entre o fundo dos vales dos rios e os topos das colinas atinge 300 pés (Anderson e Ogilbee, 1973). Uma caraterística conspícua é a escarpa de Dange, uma crista de calcário resistente com relevo local de até 150 pés que tende para nordeste através da parte central da bacia. Geralmente, as elevações dentro da bacia variam de menos de 600 a mais de 1.200 pés acima do nível do mar. As elevações mais baixas ocorrem no sul, perto do rio Níger, e os pontos mais altos encontram-se nas colinas cobertas de pedra-ferro e na escarpa de Dange, no norte. As rochas cristalinas formam um planalto dissecado, encimado por colinas isoladas com faces íngremes (inselbergs) a sul e a leste da bacia de Sokoto.

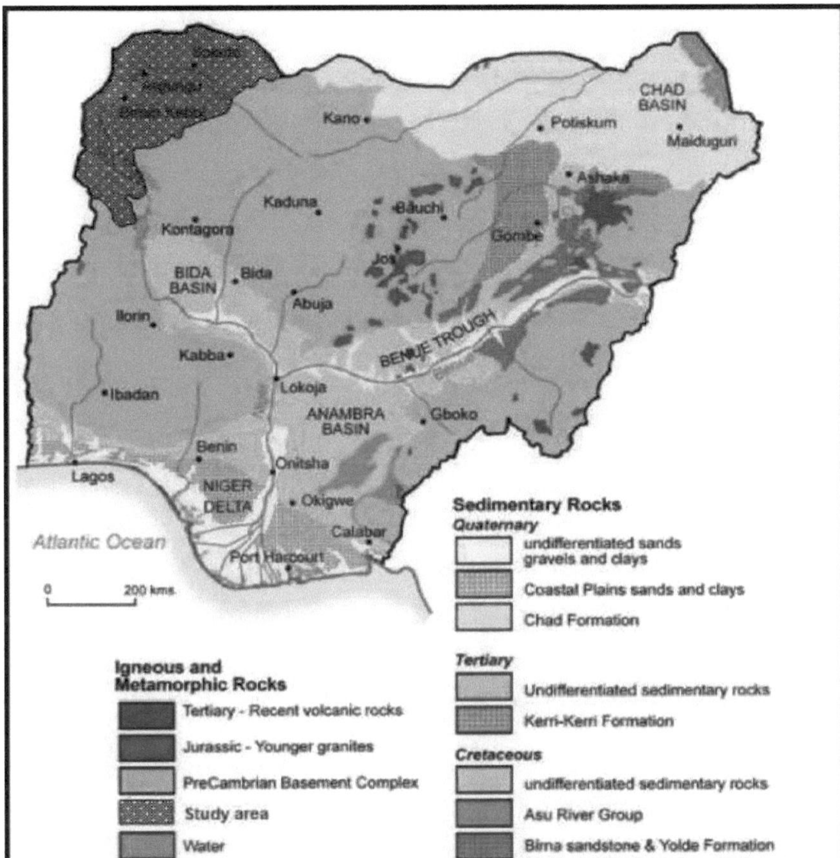

Figura 2: Mapa geológico da Nigéria com a localização da área de estudo (Adaptado de Adelana *ET AL.*, 2008).

A bacia abrange principalmente três (3) estados, nomeadamente; Zamfara, Sokoto e Kebbi. Faz parte do interior sul da bacia de Illummeden, onde se encontram as únicas partes mais jovens da sucessão estratigráfica (Zaborski, 1998). A área de estudo situa-se entre a latitude 10° N e 14° N e a longitude 3° E e 7° E, na região do Sahel em África. A região está também associada a temperaturas que podem atingir os 44°C antes do início das chuvas ou descer até aos 6°C durante o ar frio do harmatão, entre dezembro e fevereiro (Idu, 2015).

Os meses mais quentes são de fevereiro a abril, onde as temperaturas diurnas podem ultrapassar os 45 °C. A temperatura mais elevada registada é de 47,2 °C, que é também a temperatura mais elevada registada na Nigéria. A precipitação média na zona é de cerca de 726±24,03 mm (Abubakar e Adesola, 2012). Existem duas (2) estações distintas - a estação seca e a estação húmida. A estação das chuvas vai de junho a outubro. A estação das chuvas dura de junho a outubro, durante a qual os aguaceiros são uma ocorrência diária. Raramente duram muito tempo e estão longe dos aguaceiros torrenciais regulares conhecidos em muitas regiões tropicais. De finais de outubro a fevereiro, durante a "estação fria", o clima é dominado pelo vento harmattan, que sopra o pó do Sara sobre a terra. A poeira ofusca a luz do sol, baixando assim significativamente as temperaturas e provocando também o incómodo de haver pó por todo o lado.

1.3 LITOESTRATIGRAFIA DA ÁREA DE ESTUDO

A sucessão litoestratigráfica da área de estudo é apresentada na Fig. 3. De acordo com Zaborski (1998), os sedimentos da Bacia de Sokoto são de idade Cretácea a Paleocénica. Os sedimentos do Cretáceo na Bacia de Sokoto consistem essencialmente em duas partes: uma sucessão clástica inferior que representa o "Intercalaire Continental" do Jurássico Superior ao Cretáceo Inferior, e o Grupo Rima, que representa um círculo transgressivo-regressivo do Maastrichiano (Médio a Superior). O Grupo Sokoto do Paleoceno representa um outro círculo transgressivo-regressivo, e situa-se acima, com a Formação Gwandu, que representa o "Terminal Continental" (Lang et al., 1990), compreendendo os sedimentos mais jovens, exceto os depósitos superficiais e as lateritas.

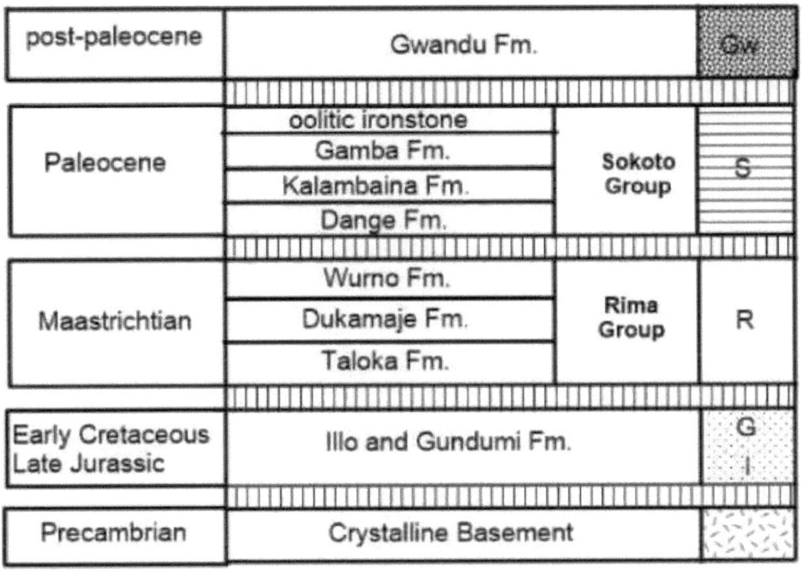

Figura 3: Subdivisões litoestratigráficas da Bacia de Sokoto (modificado de Kogbe, 1981).

A Formação Illo é constituída principalmente por grits cruzados contendo lentes de argila, horizontes de arenito ferroso e areias de seixos, enquanto em alguns locais está presente um conglomerado basal de seixos de quartzo. Na base, a Formação Gundumi é conglomerática e compreende principalmente grits maciços e cruzados, ricos em argila feldspática, argilas e areias de seixos. Jones (1948), Kogbe (1979, 1981) relataram que as Formações Gundumi e Illo são de origem fluvial a lacustre. Uma inconformidade que representa a maior parte do tempo do Cretáceo Superior separa as Formações Illo e Gundumi do Grupo Rima (Jones, 1948). O Grupo Rima foi depositado durante os únicos eventos transgressivos do Cretáceo que afectaram a Bacia de Sokoto (Zaborski, 1998). Compreende três formações (Kogbe, 1972, 1976, 1979, 1981; Petters, 1979a,b), de cima para baixo.

A Formação Taloka é constituída por arenitos e siltitos friáveis de grão fino com xistos, lamas carbonosas e horizontes lenhíticos. A Formação Dukamaje, que é a parte inferior, é constituída principalmente por xistos, a sua parte média é constituída por margas, argilas amarelas e xistos, enquanto a parte superior é novamente constituída por xistos (Jones 1948; Petters, 1979a; Kogbe, 1979, 1981). Por último, a Formação Wurno é constituída por arenitos friáveis de grão fino com siltitos e lamitos intercalados. Autores (Petters, 1979; Kogbe, 1981; Reyment, 1981; Foster *et al.*, 1983) sugeriram anteriormente que uma inconformidade que marca um intervalo de meteorização e erosão separou o Grupo Rima do Grupo Sokoto do Paleoceno tardio sobrejacente.

CAPÍTULO DOIS

2.1 A APLICAÇÃO DE SISTEMAS DE INFORMAÇÃO GEOGRÁFICA (GIS) E DE DETECÇÃO REMOTA NA CARTOGRAFIA PREDITIVA DE ÁGUAS SUBTERRÂNEAS.

A utilização da deteção remota e do sistema de informação geográfica (SIG) está a tornar-se rapidamente uma ferramenta muito fiável e vital nos estudos das águas subterrâneas. O Sistema de Informação Geográfica (SIG) oferece ferramentas de gestão e análise de dados espaciais que podem ajudar os utilizadores a organizar, armazenar, editar, analisar e apresentar informação posicional e de atributos sobre dados geográficos (Burrough, 1986). Por outro lado, os dados obtidos por deteção remota fornecem informações espaciais exactas e podem representar uma grande vantagem económica em relação aos métodos convencionais de levantamentos hidrogeológicos. O melhoramento digital dos dados de satélite resulta na extração do máximo de informação e numa maior interpretabilidade. As técnicas de SIG facilitam a integração e a análise de grandes volumes de dados. Por outro lado, os estudos de campo ajudam a validar ainda mais os resultados. A integração de todas estas abordagens pode proporcionar uma melhor compreensão das características de controlo das águas subterrâneas em aquíferos de rocha dura.

Atualmente, a aplicação de sistemas de informação geográfica para estudos de águas subterrâneas tornou-se amplamente aceitável na maioria dos países em desenvolvimento. Isto deve-se ao facto de os avanços na tecnologia espacial terem levado à aquisição de dados de deteção remota que podem revelar a potencial ocorrência de águas subterrâneas a partir de expressões superficiais na terra. A água subterrânea está distribuída espacialmente por todo o lado sob a superfície da terra. Embora não possa ser vista diretamente a

partir de dados de deteção remota, a sua presença pode ser inferida a partir da identificação de
características da superfície que actuam como um indicador da sua ocorrência. Becker *et al.*, 2004
comenta que a presença dominante de certas características hidrogeológicas dita a ocorrência e a distribuição das águas subterrâneas numa determinada área. Algumas destas características são a geologia (litologia e lineamentos estruturais), o tipo de solo, a drenagem, a precipitação, a temperatura, a topografia/relevo/elevação e a inclinação (Abdullahi *et al.*, 2013; Sarup *et al.*, 2011 e Fashae *et al.*, 2014), para mencionar apenas algumas.

Para a exploração de águas subterrâneas, as várias características da superfície que podem ser observadas utilizando dados de deteção remota podem ser agrupadas em duas categorias - indicadores de primeira ordem e indicadores de segunda ordem (Gupta, 1991). Os indicadores de primeira ordem ou directos incluem os parâmetros do solo que estão diretamente relacionados com a ocorrência de águas subterrâneas, tais como nascentes, canais, lagoas, lagos, rios e humidade do solo, etc. Por outro lado, os indicadores de segunda ordem ou indirectos são os parâmetros hidrogeológicos que afectam regionalmente e, portanto, reflectem o regime das águas subterrâneas. Incluem características de drenagem, sistemas de fracturação, tipo de solo/rocha, estrutura, relevo, etc. (Quadro 1).

Quadro 1: Indicadores importantes de águas subterrâneas em produtos de dados de deteção remota. (Segundo Ellyett e Pratt 1975)

a) . Indicadores directos ou de primeira ordem

1. Características associadas às zonas de recarga: rios, canais. Lagos, lagoas, etc.
2. Características associadas às zonas de descarga: nascentes e outros locais de influência, infiltração.
3. Humidade do solo
4. Vegetação anómala

b) . indicadores de segunda ordem ou indirectos

1. Características topográficas e declive geral da superfície
2. Tipos de rochas - zonas de rochas duras (ígneas, sedimentares e metamórficas) e zonas de rochas moles
3. Características estruturais regionais
4. Intemperismo - profundidade, tipo de solo e teor de húmus
5. Vegetação
6. Humidade do solo
7. Densidade de drenagem
8. Porosidade e permeabilidade da formação (a partir de observações da humidade do solo e da densidade de drenagem)
9. Sistemas de fracturação em zonas de rocha dura
10. Características geológicas especiais como sumidouros, leques aluviais, diques, falhas, zonas de cisalhamento, canais enterrados, etc., que podem ter uma influência única na ocorrência e movimento das águas subterrâneas
11. Continuidade extra-hidráulica das formações - divisões de águas superficiais e sub-superficiais vis-à-vis zonas de recarga e descarga a partir de vistas sinópticas.

Estes dados, quando adquiridos espacialmente, são sujeitos a várias interpretações e os seus resultados são apresentados através do SIG. Estes dados fornecem, parcial ou coletivamente, informação útil sobre a condição hidrogeológica de uma área. No entanto, a integração de múltiplos conjuntos de dados, com várias indicações sobre a disponibilidade de águas subterrâneas, pode diminuir a incerteza associada à exploração de águas subterrâneas e conduzir a decisões mais seguras (Sander *ET AL.*, 1996).

As radiações electromagnéticas são o portador de informação na deteção remota. Para um determinado material, a quantidade de radiação solar que reflecte, absorve ou transmite varia com o comprimento de onda (Weng, 2010). Trata-se de uma propriedade importante da matéria que permite identificar diferentes substâncias ou elementos e separá-los pelas suas assinaturas espectrais (curvas espectrais). A figura 4 apresenta as curvas espectrais de três elementos terrestres principais - vegetação, água e solo.

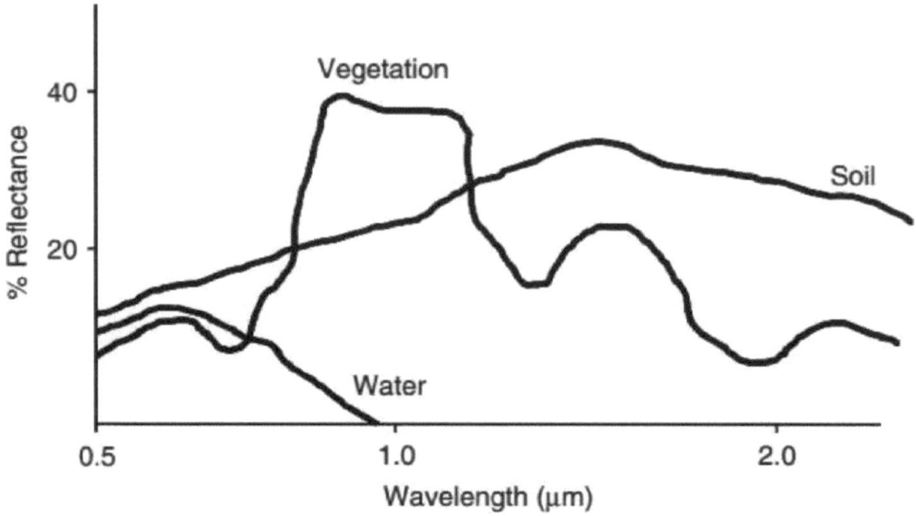

Figura 4: Assinaturas espectrais da água, da vegetação e do solo (adaptado de Weng, 2010).

Utilizando as suas diferenças de reflectância, podemos distinguir estes materiais comuns da superfície terrestre. Quando se utilizam mais de dois comprimentos de onda, os gráficos no espaço multidimensional tendem a mostrar uma maior separação entre os materiais. Esta capacidade melhorada de distinguir materiais devido a comprimentos de onda adicionais é a base da deteção remota multiespectral.

Vários estudos integraram o uso de fotografias aéreas com imagens de deteção remota para identificar efetivamente áreas com maior potencial do que aquelas com menor potencial (Edet, 1990; Edet *ET AL.*, 1998 e Salama *ET AL.*, 1994). A técnica de deteção remota foi aplicada para delinear áreas adequadas para o futuro desenvolvimento de águas subterrâneas no Estado de Cross River, sudeste da Nigéria (Edet *ET AL.*, 1998). Eles utilizaram imagens de radar e fotografias aéreas para definir algumas características hidrológicas e hidrogeológicas no estudo. A densidade e frequência dos lineamentos e padrões de drenagem foram então analisados e os resultados foram utilizados para delinear a área em regiões de elevado, médio e baixo potencial de água subterrânea. Foram observadas boas correlações entre os lineamentos, os padrões de drenagem, a litologia, a temperatura da água, a condutividade da água, o rendimento do poço, a transmissividade, a condutância longitudinal e a ocorrência de água subterrânea. Além disso, Salama *ET AL.*, (1994) utilizaram fotografias aéreas e dados Landsat (TM) para preparar os mapas de geomorfologia, geologia e estruturas do Sistema do Rio Salgado da Austrália Ocidental para classificar as unidades que controlam os mecanismos de recarga e descarga de águas subterrâneas na área. A interpretação hidrogeológica dos padrões geomorfológicos e as unidades hidrogeomórficas classificadas a partir da análise TM foram utilizadas para identificar as zonas de recarga e descarga. Os autores inferiram que as áreas permeáveis em torno dos plutões graníticos circulares e as áreas altamente permeáveis das planícies arenosas eram boas para a recarga. A descarga de água subterrânea foi encontrada principalmente ao longo das principais linhas de drenagem, na borda das planícies de areia circulares, em depressões e em lagos. Musa *ET AL.*, (2000) utilizaram um sistema integrado de deteção remota e SIG para produzir vários mapas temáticos para classificar as zonas potenciais de águas subterrâneas na bacia de Langat, Malásia. Aqui, foram utilizados dados Landsat TM, mapa topográfico, mapa de solos e outros dados de campo relevantes para preparar várias camadas temáticas para a precipitação, litologia, densidade de lineamentos, densidade de drenagem, utilização do solo, elevação do terreno, declive e tipo de solo. Também foi utilizado um modelo DRASTIC modificado (profundidade da água, recarga líquida, meio aquífero, meio do solo, topografia, impacto do meio da zona vadosa e condutividade hidráulica do aquífero). Todas as camadas temáticas produzidas foram integradas utilizando um modelo de potencial de águas subterrâneas para obter o mapa final. Concluiu-se que a avaliação integrada de mapas temáticos utilizando um modelo baseado em SIG provou ser o método mais adequado para o zonamento do potencial das águas subterrâneas em terrenos de rocha dura. Além disso, o potencial das águas subterrâneas foi significativo em áreas de elevada densidade de lineamentos. Outros estudos analisaram dados hidrogeológicos através da integração de técnicas de deteção remota e geofísicas de superfície para avaliar as condições das águas subterrâneas num terreno de rocha macia do distrito de Midnapore, na Índia (Shahid e Nath, 2002). Foi realizado um estudo de sondagem eléctrica vertical (VES) em 139 locais na área de estudo e os dados foram interpretados utilizando algoritmos genéticos e técnicas de regressão de cumeeira. Vários dados extraídos dos dados do IRS LISS-II, incluindo a resistividade do aquífero e a espessura assim obtida, foram utilizados para preparar os mapas temáticos correspondentes. Foram atribuídos pesos a diferentes intervalos de valores de resistividade e espessura com base na sua posição no mapa geológico. Finalmente, os mapas ponderados foram integrados utilizando um método de agregação baseado em SIG para identificar as zonas potenciais de águas subterrâneas na área de estudo.

2.2 HIDROGEOLOGIA DA BACIA DE SOKOTO

As águas subterrâneas constituem uma importante fonte de água para abastecimento doméstico e agricultura na bacia de Sokoto. A distribuição e o fluxo das águas subterrâneas são controlados por factores geológicos, como a litologia, a textura e a estrutura das rochas; a natureza dos solos; factores fisiográficos, como a elevação e a inclinação; e também factores hidrológicos e meteorológicos, como a drenagem e a precipitação, respetivamente. A ocorrência de águas subterrâneas varia com a geologia da área e isto, por sua vez, é a base para as propriedades hidráulicas distintas das diferentes unidades hidrostatigráficas (Eduvie, 2006; Nwankwoala, 2015; Kudamnya e Osumeje, 2015 e Idu, 2015). A bacia é drenada pelo rio Sokoto com os afluentes Ka, Zamfara e Rima. Está coberta por uma sequência de cascalho semi-consolidado intercalado, areia, argila e algum calcário, representativos da geologia do subsolo. A permeabilidade relativa e o potencial de escoamento no âmbito do estudo estão representados na Fig. 5.

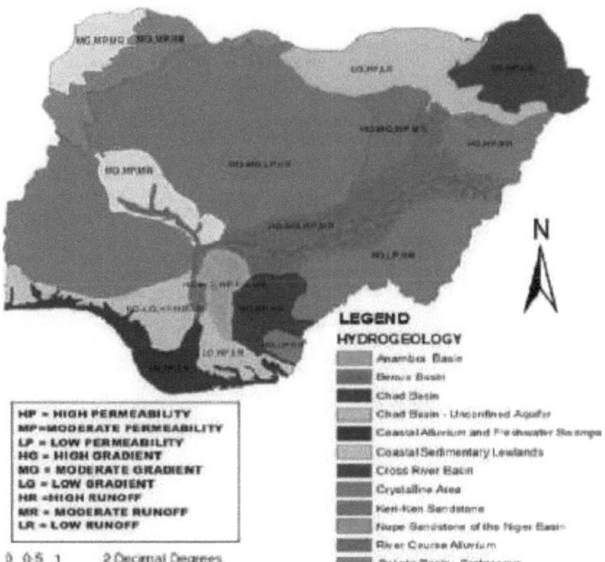

Figura 5: Cenário Hidrogeológico da Nigéria com Permeabilidade Relativa e Potencial de Escoamento (adaptado de Nwankwoala, 2015)

Os aquíferos da área são recarregados a partir do afloramento oriental que mergulha para oeste (Fig. 5) sob as formações mais jovens (Anderson e Ogilbee, 1973; Oteze, 1976; e Offodile, 1992) e geralmente tem um rendimento que varia de menos de 1,0 a 5,0 litros por segundo (Nwankwoala, 2015). De acordo com Oteze (1976), a Formação Gwandu é a mais prolífica das sete formações aquíferas, com um armazenamento permanente de água de cerca de $6,8 \times 10^9$ m^3 e um rendimento estimado que varia entre 8 e 15 l/s (Nwankwoala, 2015). Sabe-se muito pouco sobre o carácter aquífero do Grupo Illo. Anderson e Ogilbee (1973) relataram que a Formação Illo consiste num aquífero de areia grossa e cascalho fino altamente permeável que se encontra em condições sub-artesianas com boa qualidade de água. A Formação Illo parece assim ser hidraulicamente contínua com o aquífero artesiano no Grupo Rima em Birnin Kebbi (Fig. 3 e Fig.

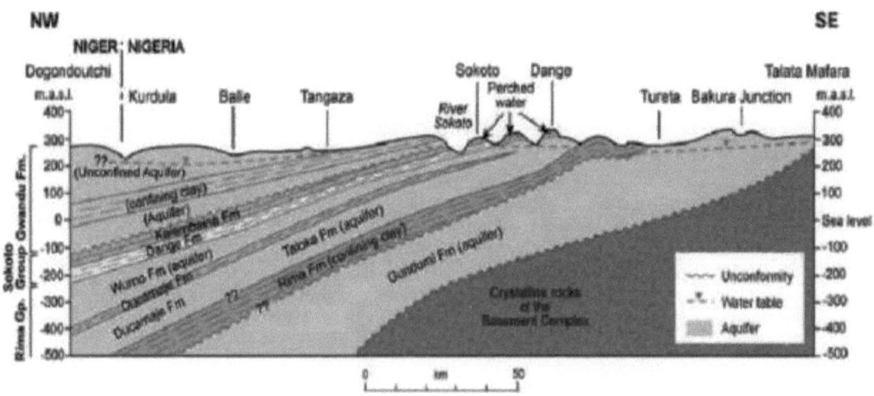

6).

Figura 6. Secção transversal hidrogeológica através da bacia de Sokoto (adaptado de Adelana *ET AL.*, 2008)

A água subterrânea na Bacia de Sokoto encontra-se em

aquíferos confinados e

não confinados na maioria dos membros permeáveis da

sequência sedimentar do

Cretácico-Terciário. A
água confinada ocorre a jusante e a profundidades em areias ou cascalhos semi-consolidados de pelo menos três importantes aquíferos - a Formação Gundumi, o Grupo Rima e a Formação Gwandu.

Os resultados dos testes hidráulicos dos furos de sondagem nos aquíferos da Bacia de Sokoto foram efectuados pelo Serviço Geológico da Nigéria (GSN) e documentados na íntegra por Anderson e Ogilbee, 1973; Oteze, 1976; Offodile, 1992 e Edet, 1993. As condições de nível freático ocorrem nas áreas de afloramento de todos os três aquíferos. No entanto, uma massa de água subterrânea local mas importante está presente no calcário da área de afloramento da Formação Kalambaina. As águas subterrâneas não confinadas também ocorrem no preenchimento aluvial quaternário das fadamas do rio Sokoto e dos seus maiores afluentes.

CAPÍTULO TRÊS

3.1 METODOLOGIA

A delineação bem sucedida das zonas potenciais de águas subterrâneas foi conseguida através da extração de vários dados, tais como: elevação, declive, drenagem e densidade de lineamentos, a partir de um modelo digital de elevação (DEM) de imagens de satélite que foi disponibilizado na instalação global de cobertura de terra pela Universidade de Maryland, EUA, para produzir os seus mapas temáticos. A litologia foi extraída do mapa geológico produzido pela Nigerian Geological Survey Agency (N.G.S.A.), os mapas de precipitação foram obtidos do L'Institut Francais Scientifique pour le development en cooperation (dados de precipitação de 1951 a 1989 para a África Ocidental e Central) e o mapa de solos foi obtido a partir do mapa mundial de solos produzido pela Food Aid Organization (F. A. O.). Uma vez que estes factores (litologia, solo, elevação, precipitação, declive, drenagem e densidade de lineamentos) afectam direta ou indiretamente as águas subterrâneas, foi produzido um mapa temático para cada um deles em camadas com a utilização de software SIG conhecido como ARCMAP 10.2 e GLOBAL MAPPER 17. Cada camada produzida foi subdividida em diferentes classes e foi atribuída uma ponderação a estas camadas utilizando a técnica de avaliação multicritério (MCE). Aos factores mais favoráveis à ocorrência de águas subterrâneas foi atribuída uma ponderação mais elevada do que às camadas menos favoráveis às águas subterrâneas. Um fluxograma para a metodologia deste estudo é ilustrado pelo fluxograma esquemático abaixo (Fig. 7).

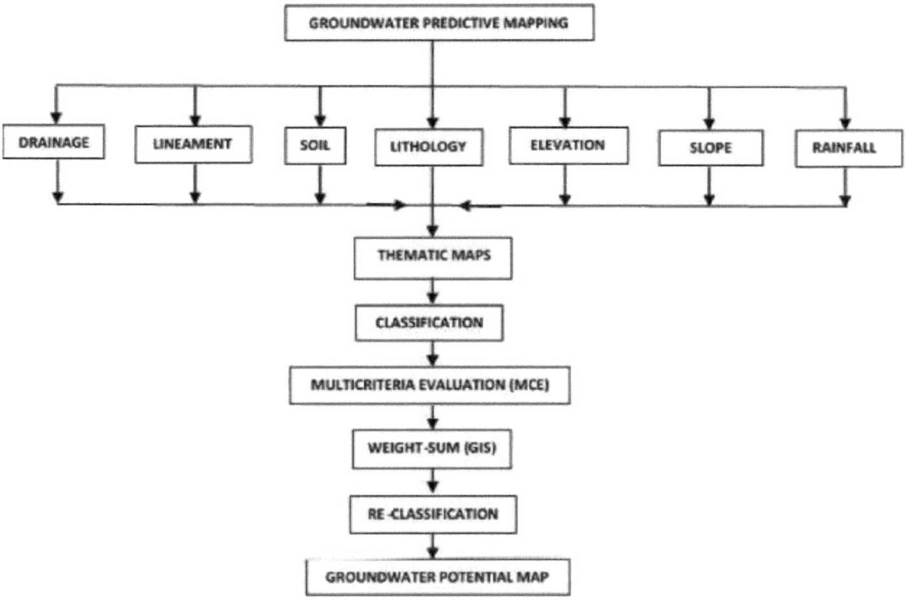

Figura 7: Representação da metodologia baseada no SIG adoptada para o estudo.

3.2 PROCEDIMENTO DE HIERARQUIA ANALÍTICA (AHP)

A ponderação para as diferentes camadas foi calculada utilizando o procedimento de hierarquia analítica (AHP). O procedimento de hierarquia analítica é um dos métodos da técnica de avaliação multicritério (MCE) (Saaty 1977). Esta técnica fornece uma medida da consistência do julgamento e simplifica a classificação das preferências entre os critérios de decisão através de comparações entre pares. Para garantir a exatidão, foi calculado o rácio de consistência. Um rácio de consistência igual ou inferior a 0,1 foi considerado aceitável e qualquer valor superior exigirá uma reavaliação. Por conveniência, a ponderação e o rácio de consistência foram calculados utilizando o software EXPERT CHOICE 11.

CAPÍTULO QUATRO

4.1 MAPAS TEMÁTICOS

4.1.1 Litológico

O mapa litológico da bacia de Sokoto foi adotado do geological survey (1965), mapa geológico da bacia de Sokoto. A digitalização foi efectuada e a ponderação das diferentes unidades geológicas foi feita com base nas suas porosidades. Uma vez que a porosidade das rochas controla a quantidade de água subterrânea que podem armazenar. Assim, as rochas com elevada porosidade têm a capacidade de armazenar grandes volumes de água subterrânea. Assim, as unidades litológicas com elevada porosidade receberam uma ponderação mais elevada do que as unidades litológicas com valores de porosidade inferiores. A ponderação para diferentes litologias na bacia de Sokoto é dada abaixo (ver Tabela 2). O mapa litológico da bacia de Sokoto é apresentado na Figura 8.

Tabela 2: Ponderação para diferentes litologias.

S/N	Classe de camadas	Ponderação	Rácio de consistência
1	Aluvial	48	0.05
2	Formação Gwandu	23	
3	Formação Gundumi	11	
4	Formação Illo	11	
5	Grupo Rima	5	
6	Grupo Sokoto	3	

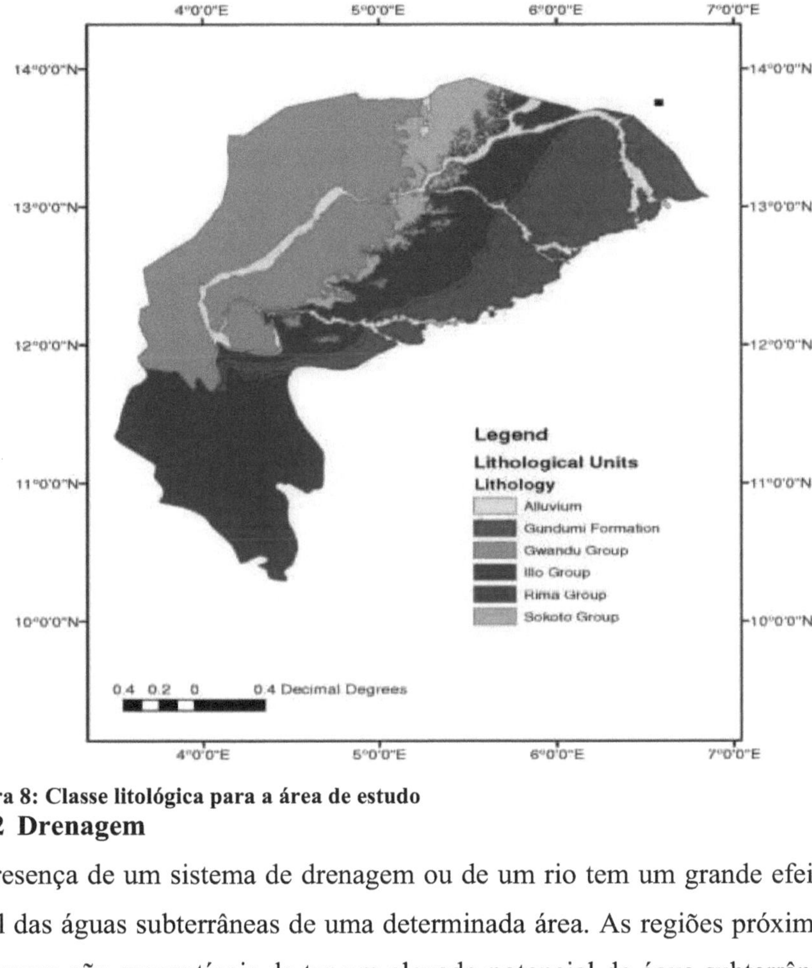

Figura 8: Classe litológica para a área de estudo

1.1.2 Drenagem

A presença de um sistema de drenagem ou de um rio tem um grande efeito no nível das águas subterrâneas de uma determinada área. As regiões próximas da drenagem são susceptíveis de ter um elevado potencial de água subterrânea do que as regiões mais afastadas. Isto deve-se ao facto de a percolação da água no solo a partir de um sistema de drenagem ser maior nas áreas mais próximas das drenagens do que nas mais afastadas. A rede de drenagem da área de estudo foi extraída de um modelo digital de elevação (DEM) utilizando o software GLOBAL MAPPER 17. Foi efectuado um buffering para criar camadas de distância do curso de água. As regiões próximas da drenagem foram objeto de uma maior do que as mais afastadas. A distância de drenagem foi então classificada em: muito perto, perto, longe e muito longe (Fig. 9), enquanto as ponderações para as diferentes camadas são apresentadas no Quadro 3.

Quadro 3: Ponderação das distâncias de drenagem

S/N	Classe de camadas	Ponderação	Rácio de consistência
1	Muito longe	6	0.013
2	Longe	13	
3	Fechar	28	
4	Muito perto	53	

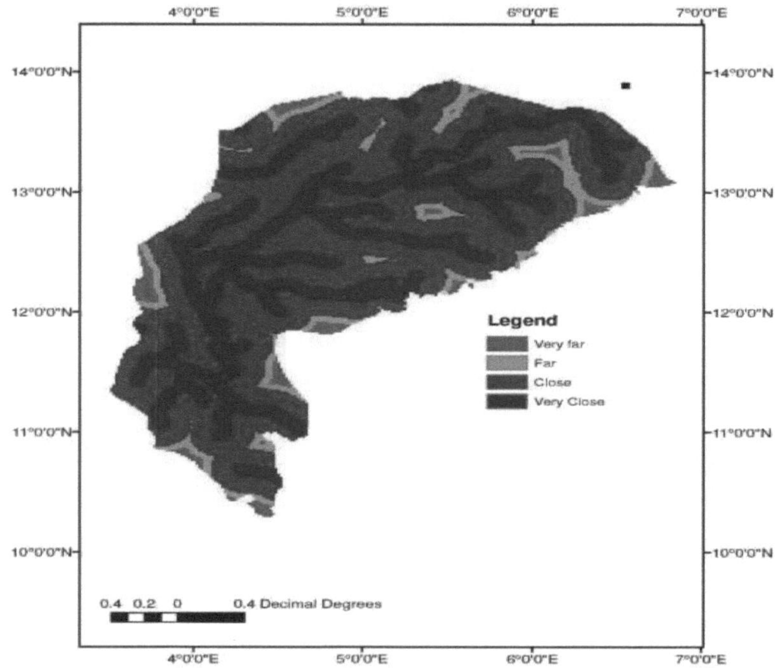

Figura 9: Classes de proximidade de drenagem para a área de estudo.

4.1.3 Elevação

A elevação desempenha um papel muito importante na determinação do nível das águas subterrâneas. Acredita-se que a água flui das zonas altas para as zonas baixas; por conseguinte, haverá menos percolação de água subterrânea nas zonas elevadas do que nas zonas baixas. As áreas de planície terão, portanto, um potencial de água subterrânea mais elevado do que as áreas elevadas. Os dados de elevação para a área de estudo foram extraídos do modelo digital de elevação (DEM) e classificados em extremamente alto, muito alto, alto, moderadamente alto, baixo, muito baixo e extremamente baixo (Fig. 10). A ponderação para estas camadas é aqui apresentada (ver Tabela 4).

Tabela 4: Ponderação para classes de elevação.

S/N	Classe de camadas	Ponderação	Rácio de consistência
1	Extremamente elevado	24	0.03
2	Muito elevado	30	
3	Elevado	14	
4	Moderadamente elevado	8	
5	Baixa	6	
6	Muito baixo	4	
7	Extremamente baixo	4	

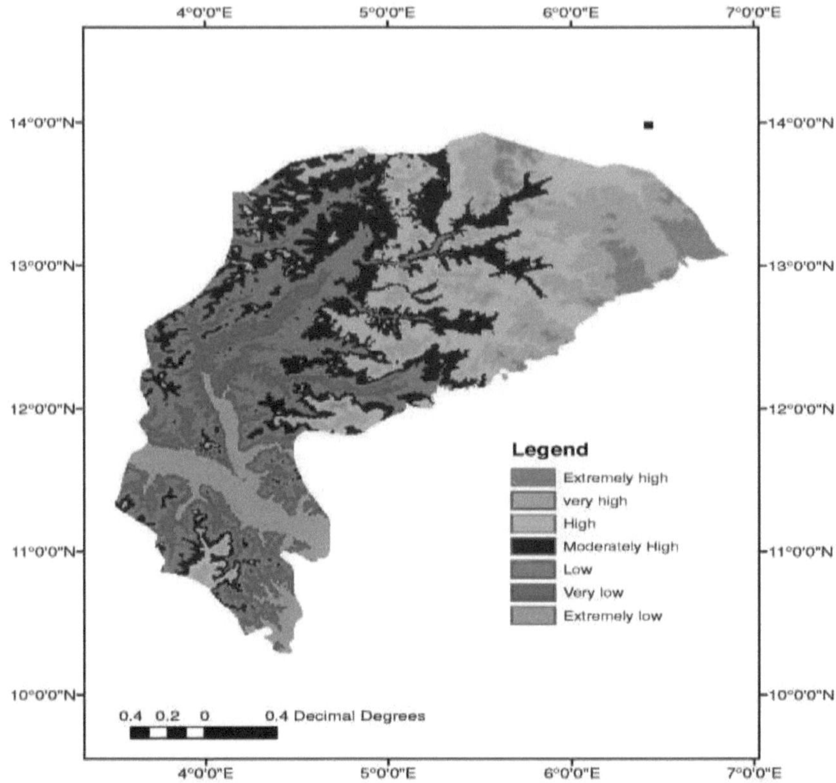

Figure 10: Classes de elevação para a área de estudo.

4.1.4 Declive

O declive de qualquer terreno contribui grandemente para o seu potencial de água subterrânea porque os declives muito acentuados permitem o fluxo de água e, portanto, há menos tempo para a percolação da água no solo. Por outro lado, os declives muito suaves a planos permitem mais tempo para a percolação da água superficial no solo. Estes declives tendem a ter um potencial de água subterrânea mais elevado. Os dados sobre declives foram extraídos do modelo digital de elevação (DEM) e classificados em: íngremes, moderados e planos (Fig. 11). A ponderação das diferentes camadas foi efectuada e apresentada na Tabela 5.

Tabela 5: Ponderação das classes de declive.

S/N	Classe de camadas	Ponderação	Rácio de consistência
1	íngreme	8	0.02
2	Moderado	14	
3	Suave	23	
4	Plano	55	

Figure 11: Classe de declive para a área de estudo.

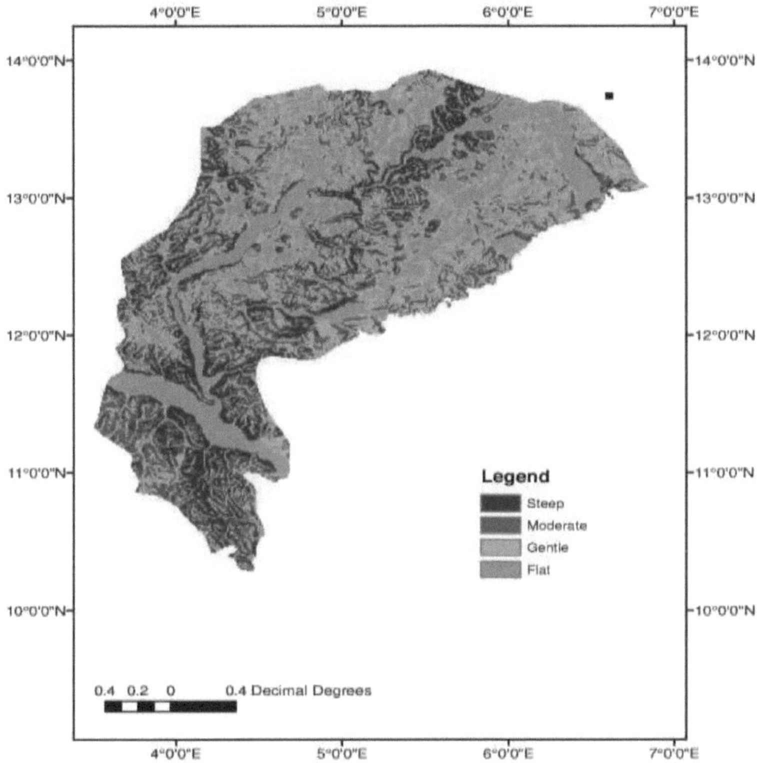

4.1.5 Precipitação

A distribuição média da precipitação tem um impacto significativo nas águas subterrâneas de qualquer área. Estima-se que seja de cerca de 726±24,03 mm. As regiões que registam uma maior distribuição da precipitação tendem a ter um bom potencial de água subterrânea devido a uma maior percolação e subsequente infiltração das águas superficiais no subsolo. De acordo com os dados da distribuição da precipitação, foi produzido um mapa temático da distribuição da precipitação na Bacia de Sokoto e as regiões foram classificadas em zonas baixas, médias e altas (Fig. 12). A ponderação atribuída às zonas de precipitação é apresentada no Quadro 6. Isto mostra que quanto maior a precipitação, maior o potencial das águas subterrâneas. A precipitação foi ponderada para refletir também a sua influência nas águas subterrâneas. Com uma precipitação mais elevada, haverá mais água disponível para o escoamento superficial e as infiltrações recarregarão naturalmente as águas subterrâneas.

Quadro 6: Ponderação dos dados relativos à precipitação.

S/N	Classe de camadas	Ponderação	Rácio de consistência
1	Baixa	14	0
2	Médio	29	
3	Elevado	57	

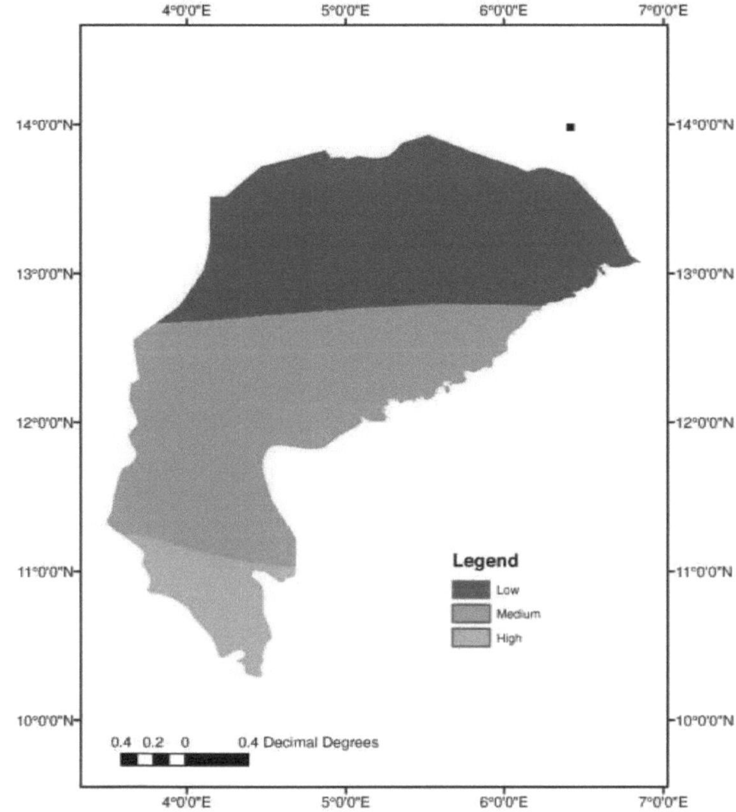

Figure 12: Classe de precipitação para a área de estudo.

4.1.6 Solos

O tipo de solo presente numa área tem um grande impacto na disponibilidade de água subterrânea. Influencia a recarga das águas subterrâneas, dependendo da textura, da granulometria e da porosidade. Os solos altamente porosos permitem uma fácil percolação e infiltração da água superficial na subsuperfície, o que é ideal para um potencial favorável de água subterrânea. Os factores que pré-determinam a formação do solo, tais como o clima, a rocha-mãe, a vegetação, a fauna e a fisiografia, são responsáveis pelo tipo de solo formado e desempenham um papel importante na recarga das águas subterrâneas através da infiltração e na perda através do escoamento superficial. O tipo de solo e a permeabilidade afectam a capacidade de retenção de água e de infiltração de um determinado solo.

O mapa de solos da área foi digitalizado a partir de um mapa de solos existente que está classificado com base na norma da Organização das Nações Unidas para a Alimentação e a Agricultura (FAO). O tipo de cobertura do solo na área de estudo consiste em: lithosols, luvisols, acrisols, gleysols, fluvisols, nitisols, arenosols, regosols e água (Fig. 13). A ponderação atribuída a cada classe de solo é apresentada na Tabela 7.

Quadro 7: Ponderação das classes de solos na zona de estudo

S/N	Classe de camadas	Ponderação	Rácio de consistência
1	Gleysols	27	0.04
2	Fluviossolos	21	
3	Água	21	
4	Arenosóis	13	
5	Regossolos	6	
6	Litossóis	6	
7	Acrisóis	3	
8	Nitossóis	2	
9	Luvisols	2	

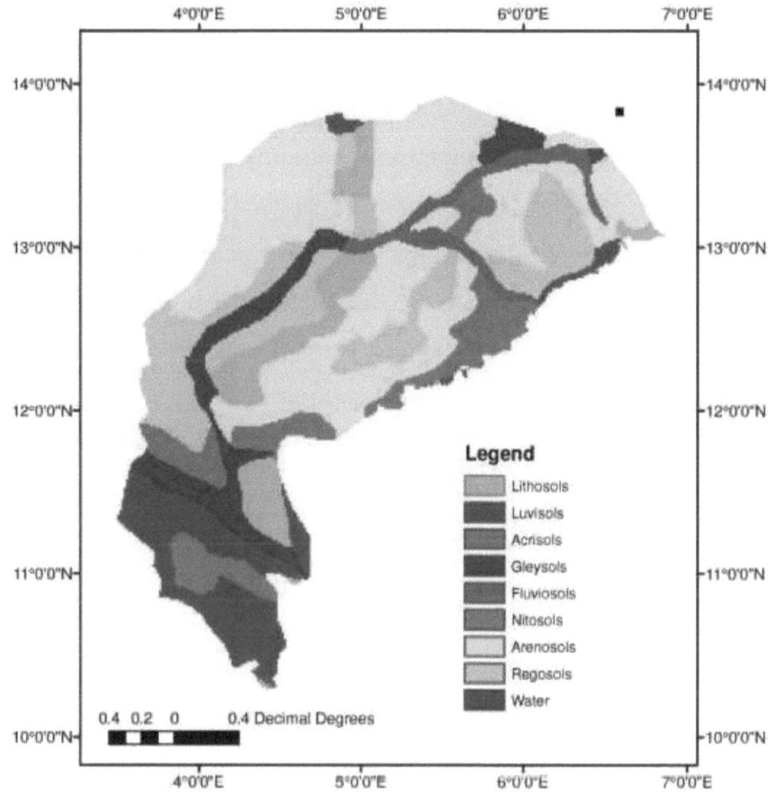

Figure 13: Classe de solo para a área de estudo.

4.1.7 Densidade dos lineamentos

Os lineamentos são características topográficas ou tonais lineares no solo que representam zonas de fraqueza estrutural (Williams 1983). De acordo com Chowdhury *ET AL.* (2003), representam regiões de maior porosidade e permeabilidade, o que, por sua vez, tem maior significado na ocorrência e distribuição de águas subterrâneas. Isto deve-se ao facto de as zonas de fraqueza estrutural poderem servir de vias para a percolação de água superficial para a subsuperfície. Assim, constituem a fonte de recarga contínua das águas subterrâneas.

A densidade de lineamentos é um reflexo do número de lineamentos por unidade de área. Uma vez que os lineamentos são o caminho para a percolação da água na subsuperfície, quanto maior for o número de lineamentos por unidade de área, maior será a percolação da água subterrânea. Assim, áreas com alta densidade de lineamentos são mais favoráveis do que áreas com baixa densidade de lineamentos. Os lineamentos para a área de estudo foram classificados em: muito alto, alto, moderado, baixo, muito baixo e extremamente baixo (Fig. 14). A ponderação dos lineamentos é apresentada na Tabela 8.

Quadro 8: Ponderação para a densidade dos lineamentos

S/N	Classe de camadas	Ponderação	Rácio de consistência
1	Muito elevado	39	0.04
2	Elevado	26	
3	Moderado	17	
4	Baixa	10	
5	Muito baixo	5	
6	Extremamente baixo	3	

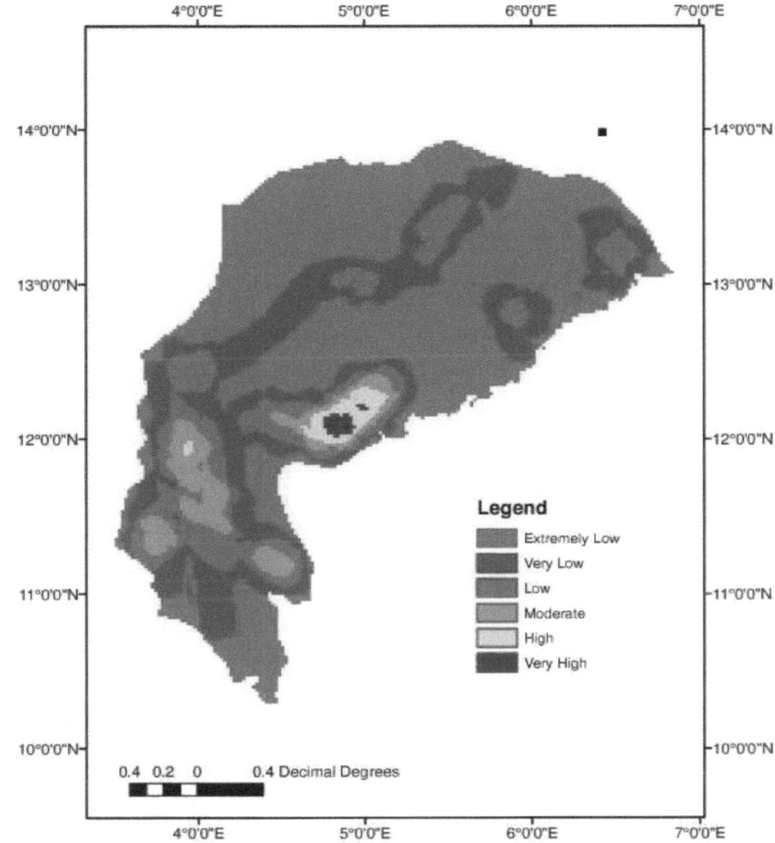

Figure 14: Classe de densidade de lineamentos para a área de estudo.

4.2 MAPA DE POTENCIAL DE ÁGUAS SUBTERRÂNEAS (GWPM)

A extração de vários dados e a subsequente produção de diferentes mapas temáticos de factores que determinam a ocorrência de águas subterrâneas foi seguida pela combinação das diferentes camadas utilizando ferramentas de análise espacial Arc-GIS. Para o efeito, as diferentes camadas temáticas foram combinadas utilizando a soma dos pesos da forma representada abaixo:

GWPM = LITOLOGIA + DISTÂNCIA DE DRENAGEM + ELEVAÇÃO + DECLIVE + PRECIPITAÇÃO + SOLO + DENSIDADE DE LINEAMENTOS

Assim, foi produzido um mapa de potencial de águas subterrâneas para a área de estudo a partir da combinação de todas as camadas temáticas adquiridas a partir de imagens de satélite de deteção remota. Foi então reclassificado em cinco classes que mostram as áreas favoráveis à ocorrência de águas subterrâneas. As classes são: pobre, moderada, moderada a boa, boa e muito boa (Fig. 15). A análise estatística do mapa de potencial de águas subterrâneas revela que a classe correspondente ao bom potencial de águas subterrâneas ocupa uma área de 14.322,66 km^2 , o que representa 2% da área total. De igual modo, a região com bons potenciais de água subterrânea ocupa uma área total de 5.071,5237 Km^2 (7,79% da área de estudo). A região que representa um potencial moderado a bom de águas subterrâneas cobre uma área total de 17.577,8 km^2 e representa 27,5% da área de estudo. Além disso, a região mapeada como tendo um potencial moderado cobre uma área total de 32.030,676 km^2 e representa cerca de 49,2% da área de estudo. Finalmente, a região correspondente às zonas de fraco potencial de águas subterrâneas cobre uma superfície total de 8.528,493 km^2 , o que representa cerca de 13,1% da área total (Tabela 9).

Tabela 9: Características das classes de potencial de água subterrânea

S/N	Águas subterrâneas Potencial	Área de cobertura (km)	Percentagem de cobertura (%)
1	**Pobres**	**8528**	**13.1**
2	**Moderado**	**32030.676**	**49.2**
3	**Moderado a bom**	**17577.8**	**27.5**
4	**Bom**	**5071.5237**	**7.79**
5	**Muito bom**	**1432.66**	**2**

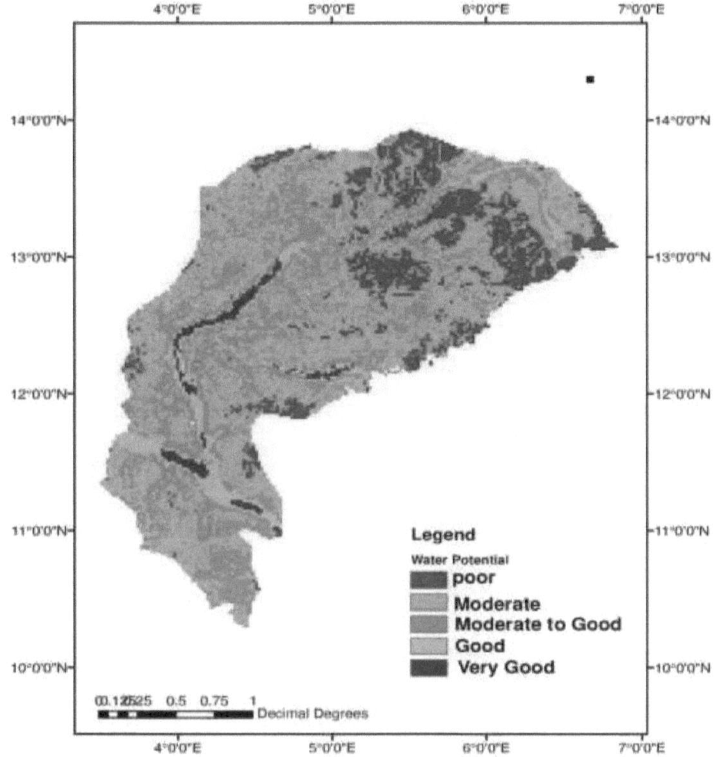

Figura 15: Potencial de água subterrânea para a zona de estudo

CAPÍTULO CINCO

5.1 DISCUSSÕES

A utilização de técnicas de deteção remota e de software SIG neste estudo revela algumas variações na ocorrência de águas subterrâneas na Bacia de Sokoto. Os dados de deteção remota adquiridos para a área de estudo, juntamente com mapas temáticos classificados usando aplicações SIG, delinearam com sucesso áreas de elevado potencial de água subterrânea daquelas com baixo potencial de água subterrânea. É digno de nota que a precisão de qualquer modelo de potencial de água subterrânea depende da fiabilidade dos dados utilizados para construir o modelo. Por uma questão de precaução, os níveis de consistência para cada um dos mapas temáticos foram impedidos de exceder o nível recomendado de 0,1, de modo a garantir um elevado grau de precisão.

O mapa final do potencial de água subterrânea produzido revela que as porções sul da área de estudo têm um potencial de água subterrânea mais elevado do que as partes norte. A parte nordeste representa as áreas com menor potencial de água subterrânea, o que corresponde a regiões com baixo rendimento de água subterrânea. Assim, pode não haver água subterrânea suficiente para satisfazer as necessidades das cidades densamente povoadas da área. No entanto, em cidades ou aldeias pouco povoadas pode haver água suficiente para satisfazer o uso doméstico.

Muitas vezes, a falta de água de superfície potável na área de estudo resultou numa grande dependência de água doce subterrânea fiável. Isto resultou num número cada vez maior de furos perfurados em busca de água subterrânea para satisfazer as várias exigências da sua utilização dentro e à volta da bacia. Mas o maior desafio aqui é que estas estruturas hidráulicas não têm sido capazes de cumprir o objetivo para o qual foram projectadas e construídas. A maior parte dos furos perfurados já não estão a ser utilizados porque "falharam" e não foram capazes de cumprir o objetivo para o qual foram construídos. Uma razão óbvia para este facto é que estes furos não foram localizados em áreas com um bom potencial hídrico, devido à ausência de, ou mesmo a más investigações do solo antes da perfuração.

Além disso, o método adotado para a investigação revela que existe uma estreita concordância entre o mapa do potencial das águas subterrâneas produzido neste estudo e os dados dos testes de bombagem obtidos anteriormente na bacia de Sokoto pelos autores: Anderson e Ogilbee (1973); Oteze (1976); Offodile (1992) e Edet (1993). Existe uma grande concordância em termos de produção de água subterrânea nas áreas apresentadas na Tabela 10 abaixo.

Tabela 10: Comparações entre a produção e a classe de potencial das águas subterrâneas de algumas localidades seleccionadas.

Localidade	**Latitude**	**Longitude**	***Rendimento** (estudos anteriores)	**Estudo atual**
Dukamaje	**13.7473°N**	**5.8191°E**	**Baixa**	**Pobres**
Fardo	**13.4685°N**	**4.6790°E**	**Elevado**	**Moderado a bom**
K. Sarki	**13.2754°N**	**4.5181°E**	**Elevado**	**Moderado a bom**
Sokoto	**13.0611°N**	**5.2373°E**	**Elevado**	**Moderado a bom**
Kware	**13.2183°N**	**5.2639°E**	**Elevado**	**Moderado a bom**
Bakura	**12.5667°N**	**5.7333°E**	**Elevado**	**Moderado a bom**
Illela	**13.7220°N**	**5.7069°E**	**Elevado**	**Pobres**
Girawsi	**13.0684°N**	**5.1876°E**	**Elevado**	**Pobres**

*** Anderson e Ogilbee (1973); Oteze (1976); Offodile (1992) e Edet (1993)**

O estudo também prova a eficácia da técnica de deteção remota e SIG para prever a ocorrência potencial de águas subterrâneas numa área. As regiões com o maior potencial de água subterrânea estão localizadas dentro dos canais de ribeira que correm da parte central para a parte sul da área de estudo. Em termos de extensão de área, é a menor de toda a área de estudo. Abrange cerca de 1432.66km^2 de toda a Bacia de Sokoto, constituindo 2% da área de estudo. No entanto, a região classificada com fraco potencial de água subterrânea cobre uma área total de 8528km^2 constituindo 13.1% da área total.

5.2 CONCLUSÃO

O estudo revelou que o potencial das águas subterrâneas na parte sul da bacia de Sokoto é muito melhor do que na parte norte. A parte nordeste da área de estudo parece não ser adequada para uma exploração eficiente das águas subterrâneas. Assim, recomenda-se que a localização dos furos na bacia de Sokoto seja efectuada na parte sul da área de estudo devido ao seu elevado potencial. Os furos localizados na maior parte da parte norte e nordeste da área de estudo podem não produzir água subterrânea suficiente para satisfazer a sua procura, exceto em algumas áreas. No entanto, os furos efectuados em regiões de potencial moderado e moderado a bom, produzirão uma quantidade de água subterrânea suficientemente elevada para satisfazer as necessidades de água. Para além disso, existe uma estreita concordância entre o mapa de potencial de águas subterrâneas produzido a partir do estudo e os dados de testes de bombagem obtidos anteriormente. Este facto revelou a eficácia da técnica de deteção remota e do SIG no mapeamento do potencial das águas subterrâneas na bacia de Sokoto.

5.3 RECOMENDAÇÃO

Mais uma vez, a utilização de técnicas de deteção remota e do Sistema de Informação Geográfica (SIG) é uma abordagem muito rentável na prospeção de águas subterrâneas e em levantamentos preliminares de campo. Isto porque o custo de perfuração aleatória de furos e poços de água sem a certeza de obter água é muito caro. No entanto, o estudo recomenda que:

i. O governo deve concentrar-se mais no desenvolvimento dos recursos hídricos de superfície nas regiões que revelam um fraco potencial hídrico ou zonas de baixo rendimento.

ii. O mapa de potencial de águas subterrâneas e os mapas temáticos produzidos tornaram-se fontes vitais de informação e base de dados que podem ser actualizados periodicamente através da adição de novas informações. Esta abordagem é um meio fiável e rentável de prospeção de águas subterrâneas para o desenvolvimento futuro das águas subterrâneas.

iii. O mapeamento do potencial das águas subterrâneas deve ser efectuado para todo o país, uma vez que isso ajudará a orientar a tomada de decisões durante o desenvolvimento dos recursos hídricos subterrâneos por várias agências de recursos hídricos e pelo Ministério dos Recursos Hídricos.

REFERÊNCIAS

Abdullahi, B. U., Rai, J. K., Momoh, M. e Udensi, E. E., (2013). Aplicação de sensoriamento remoto no mapeamento de águas subterrâneas em algumas localidades selecionadas no estado de Kebbi, Nigéria. *Revista Internacional de Ciências Marinhas, Atmosféricas e da Terra, 1(2): 81-95.*

Abubakar, I. e Adesola, O. I., (2012). Análise estatística e de tendências da precipitação em Sokoto. *Revista Internacional de Investigação em Ciências da Engenharia, Tecnologia e Inovação, 1(6):161-174.*

Adelana, S. M. A., Olasehinde, P. I., Bale, R. B., Vrbka, P., Edet, A. E. e Goni, I. B. (2008). Uma visão geral da geologia e hidrogeologia da Nigéria. In: *Applied groundwater studies in Africa* por **Adelana, S. M. A. e MacDonald, A. M.** (eds.) - IAH selected papers on hydrogeolog -y; vol. 13, pp 171 - 197. CRC Press/Balkema P.O. Box 447, 2300 AK Leiden, Países Baixos. ISBN 978-0-415-45273-1 (hbk) - ISBN 978-0203-88949-7 (ebook).

Aggarwal, R., Kaur, S., Juyal, D. (2009). Micro level assessment of water resources in Bist Doab Tract in Indian Punjab. *J. Agric. Eng 46(2): pp 3339.*

Anderson, H. R. e Ogilbee, W. (1973). Aquifers in the Sokoto Basin, NorthWestern Nigeria, with a description of the general Hydrogeology of the region - Contributions to the Hydrology of Africa and the Mediterranean Region. *Documento de abastecimento de água do Serviço Geológico 1757-L.*

Becker, M. W., Georgian, H., Sinscalchi, A. J. e Fredrick, K. C. (2004). Estimating groundwater discharge using stream temperature and velocity. *Journal of Hydrology, 296(1-4): 221- 233.*

Bouwer, H. (2002). Recarga artificial de águas subterrâneas: Hydrogeology and Engineering. *Hydrogeology Journal* 10(1), *pp 121-142. © Springer - Verlag.*

Burrough, P.A. (1986). *Principles of Geographical Information Systems for Land Resources Assessment.* Oxford:OxfordUniversity Press, 193 pp

Chowdhary, V.M., Roan, N.H. e Sarma, P.B.S, (2003). GIS Based Decision Support System for Groundwater Assessment in Large Irrigation Project Areas. *Agricultural Water Management 62: pp 229-252.*

Chowdhury, A. Jha, M. K., Chowdhury, V. A. e Mal, B. C., (2009). Sensoriamento remoto integrado e abordagem baseada em GIS para avaliar o potencial das águas subterrâneas no distrito de West Medinipur, West Benghal, Índia. *Int. J. of remote sensing, 30: 231-250.*

Cobbing, J. E. e Davies, J. (2008). Os benefícios de uma abordagem científica para o desenvolvimento sustentável das águas subterrâneas na África Subsariana. In: Adelana, S. M. A. e MacDonald, A. M. (ed.) *Applied Groundwater Studies in Africa.* CRC Press, Taylor and Francis Group.

Das, D., (2008). Aplicação de SIG em estudos hidrogeológicos. *Departamento de Ciências Ambientais, Universidade de Kalyani, Índia.*

Edet, A. E., (1990). Aplicação de técnicas fotogeológicas e electromagnéticas à exploração de águas subterrâneas no noroeste da Nigéria. *Journal of African Earth Sciences, Vol. 11, No. ¾, pp.321-328.*

Edet, A. E., e Okereke, C. S., (1997). Avaliação das condições hidrológicas em aquíferos subterrâneos do maciço pré-cambriano de Oban, no sudeste da Nigéria. *J. Appl. Geophys 36(4): 195-204.*

Edet, A.E., Okereke, C.S., Teme, S.C. e Esu, E.O. (1998). Aplicação de dados de deteção remota à exploração de águas subterrâneas: um estudo de caso do estado de Crossriver, Sudeste da Nigéria. *Hydrogeology Journal*, 6,394-404

Eduvie, M.O (2006). *Falhas de furos na Nigéria.* Comunicação apresentada num Seminário Nacional realizado por ocasião da Exposição Water Africa (Nigéria 2006) no Eko Hotels & Suites, Victoria Island, Lagos.

Ellyett, C. D., Pratt, D. A. (1975). A review of the potential applications of remote sensing techniques to hydrogeological studies in Australia. *Aust Water Res Council Tech Paper* No 13, pp 147.

Fashae, O. A., Tijani, M. N., TalabiA. O. e Adedeji, O. I. (2014). Delineamento de zonas potenciais de águas subterrâneas no terreno do subsolo cristalino do SW-Nigéria: uma abordagem integrada de sensoriamento remoto e SIG. *Appl. water sci, 4: Springer.19-38,*

Fetters, C.W. (1972). *Applied Hydrogeology*, 3rd Edition, Prentice Hall, USA, pp 115

- 124.

Foley, D., McKenzie, G. D. e Utgard, R. O. (2009). *Investigações em Geologia Ambiental*, 3rd eds. Pearson Education Inc., Nova Jersey, pp 198.

Forster, R. e Scholz, G., (1983). Ostracoda do Paleoceno tardio da Nigéria. *Revista Espanhola Micropaleontologia, 15:103-166.*

Gilli, É., Mangan, C. e Mudry, J. (2012). *Hidrogeologia: Objectivos, Métodos, aplicações.* (Traduzido do francês por **Fandel, C.**). Um livro da editora Science. CRC Press, Taylor & Francis Group 6000 Broken Sound Parkway NW, Suite 300 Boca Raton, FL 33487-2742. ISBN-13: 978-1-4665-1599-4 (eBook - PDF).

Gupta, R. P. (1991). *Remote Sensing Geology*. Springer-Verlag Berlim Heidelberg GmbH. ISBN 978-3-662-12916-6, DOI 10.1007/978-3-66212914-2, pp 282.

Idu, A. J. (2015). Ameaças ao desenvolvimento dos recursos hídricos na Nigéria. *J. Geol. e Geophys. 4: 205, pp 1-10. doi:10.4172/jgg.1000205*

Jones, B. (1948). As rochas sedimentares da província de Sokoto. *Boletim do Serviço Geológico da Nigéria. 18:1-75.*

Keller, E. A. (2012). *Introdução à geologia ambiental*, 5.ª ed. Pearson Education, Inc., Upper Saddle River, New Jersey 07458. ISBN-13: 978-0- 321-72751-0/ISBN-10: 0-321-72751-7, pp 432.

Kogbe, C. A., (1972). Estudo preliminar do sector nigeriano da Bacia de Illemmeden. In: *Geology of Africa* (Editado por Dessauvagie, T. F. J. e Whiteman, A. J.), pp. 219-228. Imprensa da Universidade de Ibadan, Ibadan, Nigéria.

Kogbe, C. A., (1976). Esboço da geologia da Bacia de Illemeden em noroeste da Nigéria. In: *Geology of Nigeria* (Editado por Kogbe, C. A.), pp 331-338. Elizabethan Pub. Co. Lagos, Nigéria.

Kogbe, C. A., (1979). Geologia do sector sudeste (Sokoto) da Bacia de Iullemmeden. *Boletim do Departamento de Geologia, Universidade Ahmadu Bello, Zaria, Nigéria,* Vol. 2 (1): xv+420pp

Kogbe C. A. (1981). Cretáceo e Terciário do Illummeden Badsin na Nigéria (África Ocidental). *Cretaceous Research 2, 129-186.*

Kudamnya, E. A. e Osumeje, J. O. (2015). Investigação geoeléctrica da distribuição do potencial das águas subterrâneas no Northern Basement Complex da Nigéria. *Revista Internacional de Investigação Científica e de Engenharia, Vol. 6, Edição 2, pp 1152-1160.*

Lang, J., Kogbe, C., Alidou, S., Azouma, K. A., Bellion, G., Dubois, D., Durand, A., Guiraud, R., Houessou, A., de-Klasz, I., Roman, E., Salard-Cheboldaeff, M. e Trichet, J., (1990). O Terminal Continental na África Ocidental. *Journal of African Earth Sciences, 10:79-99.*

MacDonald, A. M., Cobbing, J. e Davies J., (2005). Desenvolvimento de águas subterrâneas para abastecimento de água rural na Nigéria. *Relatório encomendado pelo British Geological Survey **CR/05/219N**.*

Musa, K. A., Juhari -Mat, A., e Abdullah, I. (2000). Zona potencial de previsão de águas subterrâneas na bacia de Langat utilizando a integração de deteção remota e SIG. *21ª Conf. Asiática de Sensoriamento Remoto*, Taipei (Taiwan).

Musa, O. K., Kudamnya, E. A., Omali, A. O. e Akuh, T. I., (2014). Características físico-químicas das águas superficiais e subterrâneas em Obajana e seus arredores no Estado de Kogi, centro-norte da Nigéria. *Jornal Africano de Ciência e Tecnologia Ambiental, Vol. 8 Edição 9, pp 521-531.*

Nwankwoala, H. O. (2015). Hidrogeologia dos recursos hídricos subterrâneos da Nigéria. *New York Science Journal, 8(1): pp 89-100.*

Offodile, M. E., (1992). *Uma abordagem ao estudo e desenvolvimento das águas subterrâneas na Nigéria.* Mecon Services Ltd.,P. O. Box 6022, Jos, Nigéria, pp 32-45.

Otezie, G. E. (1976). A hidrogeologia da Bacia do Noroeste da Nigéria. In: *Geology of Nigeria* (ed. Kogbe, C. A.), Elizabethan Pub, pp 373-390.

Petters, S. W., (1979a). História estratigráfica do centro-sul do Saara. *Boletim da Sociedade Geológica da América 90: 753-760.*

Petters, S. W., (1979b). Foraminíferos arenáceos maastrichtianos do noroeste da Nigéria. *Paleontologia 22, 947-963.*

Petters, S. W., (1982). Central West-African Cretaceous Tertiary benthic foraminifera and stratigraphy. *Palaeontograhica Abt. A 179. pp 1-104.*

Rao, N. S., (2006).Índice de potencial de água subterrânea num terreno cristalino utilizando dados de deteção remota. *Environ. Geol. 50: 1067-1076.*

Reyment, R. A., (1981). Os Ostracoda da Formação Kalambaina (Paleoceno), Noroeste da Nigéria. *Boletim das Instituições Geológicas da Universidade de Uppsala (N. S.), 9:51-65.*

Rodell, M., Velicogna, I. e Famiglietti, J. S. (2009). Estimativas baseadas em satélite do esgotamento das águas subterrâneas na Índia. *Nature 460, 999-1002, doi:10.1038/nature08238.*

Saaty, T. L. (1977). Um método de escalonamento para prioridades em estruturas hierárquicas. *J.*
Matemática. Psychol. 15:234-281.

Sander, P., Chesley, M. M. e Minor, T. B. (1996). Avaliação das águas subterrâneas utilizando a deteção remota e o SIG num projeto rural de águas subterrâneas no Gana: lições aprendidas. *Hydrogeology Journal,* 4(3), 40-49.

Sarup, J., Tiwari. M. K., Khatediya, J., (2011). Identificação de local de recarga artificial usando técnica geo-espacial. *Jornal Internacional de Tecnologia Avançada e Engenharia Vol 1.*

Senthil-Kumar, G. R. e Shankar, K., (2014). Avaliação de zonas potenciais de águas subterrâneas usando GIS. *Fronteira em Geociências (FG), Vol. 2, Edição 1, pp 1-10.*

Shahid, S. e Nath, S. K. (2002). Integração no SIG de dados de deteção remota e de sondagem eléctrica para exploração hidrogeológica. *Journal of Spatial Hydrology,* 2(1), 1-10.

Shiklomanov I. A., (1993). "*World fresh water resources*" (Água em Crise: A Guide to the World's Fresh Water Resources). Oxford University Press, Nova Iorque.

Shiklomanov I. A., (1998). Global renewable water resources. [st]Apresentado na conferência internacional sobre os recursos hídricos mundiais no início do século XXI com o tema *"Água: A looming crisis?"*. Série Hidrológica Internacional, pp 3 - 13. UNESCO, Paris.

Tahal (1980). *Abastecimento de água rural no continente*, estado de Cross River. pB - 15.

Troften, P.F. (1973). *Utilização de águas subterrâneas em rochas duras.* Atlas Copco MCT AB-Stockholm, Suécia, AHB 35 - 15, Printed Matter No.15317, pp 48.

William R. S. (1983). Geological Applications In: Colwell, R.N (eds), *Manual of Remote Sensing 1667-1951. Fals Church VA: Sociedade Americana de Fotogrametria.*

Weng, Q. (2010). *Integração de Sensoriamento Remoto e SIG: Theories, Methods, and Applications.* The McGraw-Hill Companies, Inc., U. S. A., ISBN: 978-007-160654-7, pp 4-7.

Zaborski, P. M. (1998). Uma revisão do sistema Cretácico na Nigéria. *Revista de Geociências de África, 5: 457-463.*

MIX
Papier aus verantwortungsvollen Quellen
Paper from responsible sources
FSC® C105338

Printed by Books on Demand GmbH, Norderstedt / Germany